MÉMOIRE
SUR
L'HORLOGERIE,

CONTENANT une nouvelle construction de Montres simples & à répétitions à roues de rencontre, approuvée par l'Académie Royale des Sciences, le 22 Décembre 1784.

DÉDIÉ A MONSIEUR, FRÈRE DU ROI.

PAR le Sieur HESSÉN, Horloger Brévetê de MONSIEUR.

A LONDRES;

Et se trouve à PARIS,

Chez la Veuve ESPRIT, au Palais Royal.

M. DCC. LXXXV.

A MONSIEUR,

FRÈRE DU ROI.

MONSEIGNEUR,

BREVETÉ depuis plusieurs années du titre glorieux d'Horloger de MONSEIGNEUR, on devoit s'attendre à voir augmenter en moi l'ardente émulation qui m'a toujours fait aspirer à l'honneur d'enrichir mon Art.

La mode, qui imprime ses vicissitudes sur tout ce qui sort des Atteliers françois, avoit porté la dégradation dans l'Horlogerie.

J'ai osé tenter quelques essais, pour la ramener à sa perfection.

Mes recherches soumises aux lumières de l'Académie Royale des Sciences, ont obtenu son approbation.

Je prends la liberté d'en offrir l'hommage à MONSEIGNEUR. *Ce tribut respectueux est celui que les Arts doivent aux Grands Princes, quand ils en sont, comme Vous,* MONSEIGNEUR, *l'ame & le soutien.*

Je suis avec un très-profond respect,

DE MONSEIGNEUR,

Le très-humble, très-obéissant,
très-fidèle & soumis serviteur.
ANDRÉ HESSÉN, *Suédois.*

MÉMOIRE SUR L'HORLOGERIE.

L'Horlogerie à roues dentées, cette invention célèbre du dixième ſiècle, due au Moine Gerbert, ne commença à acquérir quelque perfection qu'au milieu du dix-ſeptième ſiècle, lorſque Huyghens en Hollande, Hoock en Angleterre, & l'Abbé Hautefeuille en France, tous trois habiles Mathématiciens, dirigèrent leurs connoiſſances vers cet art purement méchanique alors; & par leurs belles découvertes, parvinrent à en faire une ſcience où la main-d'œuvre n'occupa plus que le ſecond rang.

La théorie du mouvement des corps qui comportent ce que la géométrie, le calcul, la méchanique & la physique ont de plus sublime, devint une étude nécessaire aux Artistes de ce genre qui voulurent prétendre à quelque distinction. L'amour-propre, ce puissant mobile de nos actions, échauffa quelques-uns de ces Artistes, assez attachés à leur art pour en rechercher la perfection ; & l'émulation fit entre eux ce que les encouragemens & les récompenses opèrent ailleurs.

Abandonnée, pour ainsi dire, à elle-même, l'Horlogerie, par son propre attrait, s'est élevée au degré où nous la voyons aujourd'hui.

Le célèbre Graham, en Angleterre, & l'illustre Julien Leroy, en France, par leurs immenses découvertes, ont donné à cet art toute la célébrité qu'il mérite, & paroissent l'avoir conduit à la perfection dont il est susceptible. Les principes qu'ils ont établis sont autant de loix que personne n'ose violer, ou du moins dont on paroît ne pouvoir s'écarter qu'aux dépens de la solidité & au détriment de la perfection méchanique. Admirateur des talens supérieurs de ces grands Maîtres, leurs principes font l'objet de mes plus férieuses méditations depuis vingt-cinq ans: ces longues études qui m'ont convaincu de la *difficulté*, m'ont porté à croire, pendant bien des années, qu'il étoit impoſſible de reculer les bornes poſées par ces habiles Artiſtes.

L'Horlogerie ne conſiſte pas, comme on le peut croire communément, dans le talent machinal d'exécuter des ouvrages ſur des modèles invariables; ces fonctions appartiennent au manœuvre: celles de l'Artiſte demandent une étude longue & pénible & la réunion d'immenſes connoiſſances. C'eſt un foible mérite que de limer & tourner avec quelque dextérité; mais diſpoſer une machine compoſée d'une multitude de pièces preſque imperceptibles, y procéder d'après les principes qui lui ſont propres, d'après les loix du mouvement des corps; employer les moyens les plus ſimples; tendre à la plus grande ſolidité & à une régularité que rien ne puiſſe troubler; connoître la réſiſtance des fluides ſur les corps en mouvement, les obſtacles qu'ils oppoſent à la justesse ; calculer les effets, sur les métaux, de l'air atmosphérique plus ou moins chargé de parties humides ; prévenir les désordres qui peuvent en résulter ; réduire les frottemens en général à la moindre quantité possible ; ces opérations appartiennent à l'homme de génie, & seront toujours l'écueil de l'Artiste ordinaire.

A juger de la perfection graduelle de l'Horlogerie par celle de la main-d'œuvre, on se persuaderoit volontiers que cet art est *parvenu* à son dernier période. En effet, on exécute aujourd'hui les pièces d'horlogerie avec des soins, une délicatesse, une élégance qui surpassent l'imagination. La mode, ce despote qui exerce, d'une manière si absolue, son empire sur tous les arts en France, a soumis à ses loix celui de l'horlogerie plus que tout autre. A l'agrément fastueux d'une montre très-compliquée, on a voulu réunir l'avantage de la petitesse & celui d'une forme plate. L'Artiste a été forcé de se prêter à ce goût du siècle ; mais la beauté de la main-d'œuvre a-t-elle été suivie ou accompagnée de la perfection de la ſcience? Non aſſurément, puiſqu'on á travaillé juſqu'ici ſur des principes qui ne paroiſſent pas encore invariablement déterminés, qu'il a fallu porter atteinte à ceux qui étoient reçus, pour leur faire ſubir l'empreinte de la mode, & qu'enfin ce n'eſt qu'aux dépens de la ſolidité que l'on a obtenu l'élégance des formes. Cependant il eſt certain que la juſteſſe & une préciſion invariable, ſont le propre de l'Horlogerie; que tel eſt le but d'un vrai Artiſte, & que ces qualités ſeules donnent du prix à une montre. Il faut donc recourir aux principes des loix de la méchanique, & ne jamais s'en écarter.

Combien un Artiſte n'a-t-il pas beſoin de courage, pour ſe renfermer dans la perfection de ſon art, lorſque toute ſa récompenſe ſe réduit à un peu de fumée que la jalouſie lui conteſte ſouvent encore, tandis que de vils mercenaires qui, de cette ſcience, ont fait un objet de brocantage; tandis que des Horlogers ignorans qui de leur art ne poſſèdent que le nom, ſe bornant à faire le commerce de montres, vendent indifféremment les bonnes comme les mauvaiſes, & trouvent dans cette ſpéculation ſi injuſtement tolérée, le chemin d'une fortune rapide. Il n'en eſt pas de l'Horlogerie comme des autres arts, tels que la Peinture, la Sculpture & l'Architecture, ſur leſquels l'œil un peu exercé peut toujours porter un jugement ſain. Dans ceux-ci, l'Artiſte qui a excellé n'a pas beſoin de prôneurs : ſes ouvrages ſaillans ſont vus de tout le monde, & il eſt toujours largement ſtipendié. L'Horloger, au contraire, quoiqu'excellent Artiſte, eſt à peine apperçu : ſes ouvrages qui lui ont coûté le plus de méditations, vont ſe perdre dans les infiniment petits; il faut un microſcope pour les retrouver parmi les atômes qui les enſeveliſſent : cet Artiſte eſt donc ſouvent plongé dans l'oubli, & rarement il peut ſortir de cette obſcurité & écarter l'indigence qui en eſt la ſuite, parce que peu de perſonnes ſont en état de l'apprécier, & que par lui-même il ne peut ſe charger de ſon panégyrique, attendu que le vrai talent eſt toujours humble.

Il y a tant de facilité à tromper le public sur les objets qu'il n'est point en état de connoître, & ce public lui-même accorde si inconsidérément sa confiance, que le premier charlatan souvent s'en empare, & le trompe avec la dernière effronterie. Un peu d'éclat, un tour d'élégance, un air de mode : voilà tout ce qu'il faut pour en imposer aux yeux, & souvent ce sont les plus mauvais ouvrages qui comportent cet extérieur séduisant.

Une des principales causes de cet abus, c'est la faculté conférée à tout marchand de tenir des pièces d'horlogerie. Un Mercier, un Bijoutier, le premier Colporteur venu, vendent des montres & n'ont pas la première notion des qualités qui leur sont propres. Tel ouvrier veut s'établir Horloger, qui y parvient avec une facilité incroyable, & par-tout cet art difficile est méconnu, est confondu avec les arts purement méchaniques : leur police intérieure est la même : un ouvrier a fait ses huit années d'apprentissage ; ce titre lui suffit pour être aggrégé aux corps des Horlogers, sans nul examen, ſans nulle preuve de talent; il ne connoît pas même les premiers élémens de ſon art. La géométrie, les mathématiques, la méchanique, ou la théorie du mouvement des corps, la phyſique, tous ces mots barbares pour lui, qui n'ont porté qu'un ſon ſtérile à ſes oreilles, n'ont jamais pénétré juſqu'à ſon imagination. Son apprentiſſage s'eſt ſouvent écoulé à faire les commiſſions de ſon maître: qu'importe? ſon temps eſt fini: moyennant une ſomme d'argent, le voilà Horloger, comme il ſeroit Tailleur ou Cordonnier; & c'eſt un manœuvre de plus dans le corps. N'ayant ni talens, ni connoiſſances quelconques, il auroit acquis un titre inutile: ne pouvant être Artiſte, il ſe fait marchand; il tire de l'étranger des montres ſur leſquelles il fait graver ſon nom: c'eſt une tache de plus ſur cet ouvrage: il n'en eſt pas moins vendu à la faveur du bon marché, parce que, comme je l'ai déjà dit, les qualités ou les imperfections d'une montre ne peuvent être ſenties du vulgaire que par l'uſage & avec le temps.

Les lieux privilégiés, ces enclos qui ne devroient être que l'asyle des infortunés, recèlent au contraire une multitude de gens que l'incapacité ou la mauvaise foi auroient exclus de toute aggrégation à une communauté bien composée. C'est-là qu'un accapareur adroit, qu'un rusé brocanteur vont établir leur siége : c'est de ces refuges ténébreux & proscrits par le bon ordre, que sortent en grand nombre ces montres de manufactures étrangères, fabriquées à la toise, & qui néanmoins séduisent par leur éclat & tentent le public par leur bon marché (1).

C'est cette grande facilité de les débiter conférée au premier venu, à gens sans qualité & sans aveu, qui fait que la France regorge de ces productions informes de manufactures de Genève & de la Suisse surtout. C'est de ces sources fécondes, mais impures, que sortent ces montres éblouissantes par leurs formes & leurs prétendues

(1) Je pense que le Lecteur admettra, comme je l'admets moi-même, une distinction bien particulière en faveur de tous ceux qui peuvent la mériter.

constructions nouvelles, qui viennent décorer fastueusement dans cette capitale, les boutiques des Merciers, des Bijoutiers & même de quelques-uns de ces Horlogers factices dont j'ai parlé plus haut. Qu'est-ce autre chose cependant que ces ouvrages élégans, sinon un assemblage monstrueux de rouages incohérens, que le hazard, l'impatiente cupidité & la plus profonde ignorance mettent avec un certain ordre dans une boëte d'or? Un vrai Artiste qui, pour des colifichets de cette espèce, voit abandonnés l'ouvrage de son génie & la production de tant de veilles, n'est-il pas conduit au découragement? Lorsque l'injuste indifférence du public est son partage; lorsque la privation & l'indigence sont ses seules récompenses; lorsqu'il végète à peine dans le coin de son laboratoire, & qu'il est réduit à sentir la stérilité de ses talens entre le fourbe qui vend & la dupe qui achète, ne doit-il pas regretter les momens de son application? Quoi! sous ses yeux, le vil brocanteur fait fortune? Son mérite est d'acheter en gros l'imperfection même & de la faire circuler en détail dans le public, à l'aide de la charlatannerie dont il est capable. On vient en foule se faire tromper chez lui, & il usurpe de cette manière les fruits dévolus à l'Artiste modeste que le besoin accable : en faut-il davantage pour inspirer à celui-ci l'envie d'abandonner son art, pour embrasser un commerce facile & qui lui ouvre le chemin de la fortune ?

C'est ainsi que doit se dégrader & s'avilir en France un art célèbre à qui la marine (1) & l'astronomie ont les plus grandes obligations, qui a acquis une si grande supériorité sur l'étranger, & qui a paru toucher au dernier degré de perfection. Il semble cependant qu'il y auroit peu d'efforts

(1) Tout le monde sait que c'est au célèbre Pierre Leroy, l'aîné, fils de l'illustre Jülien Leroy, que nous sommes redevables des montres marines en France ; n'ayant pas couru la même carrière que cet habile Artiste, je ne me suis pas permis de parler ici de lui. Les Mémoires de l'Académie, ceux que les meilleurs Horlogers de nos jours ont publiés, la double couronne académique qui lui a été décernée en 1773, les distinctions & les récompenses dont le Monarque l'a comblé, sont des titres trop au-dessus de mes éloges, pour que j'aie l'orgueil de penser qu'un si foible encens soit utile à sa gloire.

à faire pour prévenir cet anéantiſſement; & pour rétablir parmi les Horlogers l'émulation expirante. Un coup-d'œil de la Police ſeroit ſuffiſant.

Mettre un peu plus d'ordre & de précaution dans l'éducation des jeunes gens qui ſe propoſent à l'apprentiſſage de cet art difficile; ne les aggréger au corps des Horlogers qu'après l'examen le plus ſévère tant en théorie qu'en pratique; ne permettre la vente & le débit des ouvrages d'horlogerie qu'aux ſeuls gens de l'art; mettre enfin des entraves à ces introductions innombrables de montres fabriquées tant en Suiſſe qu'à Genève: ces remèdes paroiſſent ſimples, d'une exécution facile & immanquables dans leur effet. Le Gouvernement pourroit y perdre quelques droits qu'il perçoit à titre de contrôle ſur les boëtes, mais n'en trouveroit-il pas bientôt la compenſation dans la multiplication des ouvriers & de leurs ouvrages, & dans l'extenſion de ce genre d'induſtrie? Il faudroit encore ouvrir un vaſte champ à ces Artiſtes qui, doués de génie, s'élanceroient au-delà des bornes ordinaires ; & il faudroit préparer ces progreſſions en leur donnant des encouragemens, en leur accordant des récompenſes proportionnées à leurs travaux, & en les faiſant jouir enfin des diſtinctions capables de flatter leur amour-propre. C'eſt ainſi que l'Horlogerie préviendroit l'affaiſſement dont elle eſt menacée, que la France attireroit & fixeroit dans ſon ſein les bons ouvriers, & qu'elle conſerveroit ſur l'étranger une ſupériorité qu'il lui eſt ſi aiſé de ne pas laiſſer échapper. On regrettera toujours la ſociété des arts qui dut ſon origine à M. le Comte de Clermont, & qui fut formée ſous ſa protection. Il eſt triſte que cet établiſſement, d'une utilité ſi reconnue, ait été de ſi courte durée.

Eſpérant éviter les écueils qui m'environnent, & que je me ſuis permis de faire entrevoir ; ſoutenu par les principes & les exemples des grands maîtres qui ont ſu les franchir ſi heureuſement ; encouragé par leurs découvertes, j'ai oſé penſer qu'il pouvoit reſter encore quelques touches à y ajouter. Mes méditations dirigées ſous ce point de vue, m'ont fait parvenir, après une multitude de recherches & de tentatives, à des résultats qui me paroissent devoir satisfaire & l'Artiste qui tend sans cesse vers la perfection, & le Public connoisseur qui ne veut pas toujours acheter l'agrément de la mode aux dépens de la solidité.

Je crois donc avoir découvert la manière de réunir à la précision de l'ordre méchanique dans la construction des montres, soit simples, soit à répétition, tout l'agrément extérieur de la petitesse & des formes plates, sans pour cela altérer la solidité de l'ouvrage. Je vais entrer dans le détail de mes procédés & les soumettre au jugement de l'Académie, ainsi que deux montres simples & à répétition, établies d'après mes principes. Trop heureux, si je peux mériter son approbation : j'aurai atteint mon but, & j'aurai recueilli le fruit de mes veilles ; le seul que je me sois proposé. Mais avant d'exposer mes procédés, je crois qu'il est à propos de jetter un coup-d'œil sur les montres de construction ancienne, & de faire connoître les inconvéniens résultans de leur application dans les montres de construction moderne, c'est-à-dire, de forme plate.

Constructions anciennes des montres.

Les anciens Maîtres avoient la liberté, sans blesser les loix de la mode, de donner à leurs montres autant de grosseur & d'élévation que le sujet le comportoit dans l'ordre méchanique qu'ils avoient adopté ; à ce moyen il leur étoit aisé de disposer le moteur, le rouage, le régulateur & sur-tout l'échappement, dans les proportions qui lui étoient dictées par une savante théorie, combinée avec une longue expérience. Alors ces dispositions mises en œuvre par une main habile, ne pouvoient produire que d'excellens ouvrages. La pente naturelle des hommes pour le changement, l'intérêt toujours présent des ouvriers de varier les goûts, pour piquer la curiosité & multiplier les ventes, ont insensiblement amené des différences & des altérations dans les formes anciennement adoptées ; ces belles proportions qui avoient imprimé aux ouvrages des grands Maîtres le caractère de l'exactitude & de la précision méchanique, se sont évanouies, parce qu'il n'a pas été possible, dans la gradation des innovations, de leur conserver l'équilibre entre elles. Je prouve ce théorême.

1°. Les montres qui ont considérablement perdu de leur élévation, n'ont pas perdu en proportion du côté de leur grandeur circulaire. Le moteur n'a plus eu la même action, l'échappement a diminué, & le régulateur a perdu de son poids. Ces changemens partiels ont nécessairement détruit l'harmonie méchanique anciennement établie.

2°. Si les montres ont peu diminué de leur volume circulaire, le rouage est resté à-peu-près le même, & cependant le moteur a subi une grande altération. Son intensité n'étant plus la même, & cette force motrice n'ayant point été suppléée, elle est devenue insuffisante.

3°. Le régulateur ayant perdu la majeure partie de son poids, ne peut plus donner

la

la régularité des vibrations dans la proportion demandée.

4°. L'huile du pivot du balancier conſidérablement rapproché de l'échappement, s'y communique néceſſairement : elle s'épaiſſit par le frottement, par la diſſolution des métaux : les vibrations alors deviennent plus fréquentes, la montre ſe dérange & perdroit ſon exactitude, quand bien même elle auroit d'ailleurs tout le degré de perfection poſſible.

Examen de quelques moyens employés dans les montres plates, pour leur procurer un degré de juſteſſe que la conſtruction ordinaire ne peut permettre.

Quelques Horlogers, en s'éloignant des conſtructions anciennes, ont ſenti les inconvéniens que je viens de rapporter, & ont prétendu y remédier, en ſupprimant le correcteur du moteur, c'eſt-à-dire, la fuſée; & en ſubſtituant un échappement à repos, à l'échappement à roue de rencontre, ils ſe ſont perſuadés que cette eſpèce d'échappement moderne, compenſeroit les irrégularités de la force motrice : mais ce ſyſtême n'eſt que paradoxal.

En ſupprimant la fuſée, on a, à la vérité, ſupprimé le frottement de ſes deux pivots ; mais en évitant un frottement égal, on eſt néceſſairement tombé dans l'inconvénient d'un moteur inégal : dans la vue de corriger cette inégalité, on a employé l'échappement à repos, mais d'une manière bien infructueuſe. Voilà donc une imperfection réelle.

Cependant l'échappement à repos ne ſeroit pas ſans mérite, ſi l'on pouvoit parvenir à lui procurer des vibrations iſochrones, qui ſont les ſeuls moyens de le rendre inſenſible aux inégalités de la puiſſance motrice. Alors ce dilemme ſeroit ſans replique ; mais s'il eſt bon en théorie, il n'en eſt pas de même en pratique.

Il y a une ſorte d'échappement à repos qui m'a paru avantageux, & dont j'ai fait uſage moi-même, c'eſt celui à cylindre ; mais alors je me ſuis bien gardé de ſupprimer la fuſée que je regarde comme une des plus belles inventions de l'Horlogerie. C'eſt ainſi qu'en réuniſſant un premier avantage à pluſieurs autres, & qu'en multipliant les moyens, l'on tend à la perfection, & que l'on y parvient quelquefois.

L'échappement à repos, dénué du ſecours du correcteur de la force agiſſante, eſt toujours vicieux : je l'ai demontré. Il ne peut pas marcher ſans huile ; ce fluide qui s'épaiſſit promptement, contrarie les mouvemens : autre inconvénient. Cette nouveauté, d'une invention ſtérile, n'a pu avoir que le mérite du moment ; le Public, ébloui d'abord par le preſtige d'une découverte exaltée, s'eſt laiſſé perſuader. Juge incompétent en fait de théorie, il ne l'eſt pas de même quant à la pratique. Le temps & l'uſage lui dévoilent le mérite ou les défauts d'un ouvrage : le merveilleux s'évanouit, il reconnoît ſon erreur, & il ſe dégoûte promptement d'un ouvrage vicieux tel que celui-ci.

L'échappement à roue de rencontre, eſt donc préférable à tous égards, par la préciſion dont il eſt doué, parce qu'il a l'ineſtimable propriété d'aller ſans huile, & parce qu'enfin, chaque fois qu'il eſt bien exécuté, ſon effet eſt immanquable: c'eſt auſſi celui dont je me ſervirai dans ma nouvelle conſtruction.

On a encore cru avoir remédié aux inconvéniens que j'ai indiqués, & avoir beaucoup fait pour la perfection de l'Horlogerie, par le ſimple agrandiſſement de l'échappement; mais on n'a donc pas fait attention que c'étoit introduire une diſproportion réelle entre le moteur, le régulateur & l'échappement, & détruire par-là toute l'harmonie méchanique, la puiſſance motrice étant reſtée la même. En effet, un grand échappement animé par un foible moteur, ne doit-il pas être une ſource intariſſable d'irrégularités? On a fait pis encore: pour ſe procurer l'accroiſſement de l'échappement, on a déplacé la roue du centre; pour lors le cadran eſt devenu excentrique, & auſſi déſagréable à la vue que contraire au bon ordre. On conçoit que des remèdes de cette eſpèce, loin d'être même des palliatifs, deviennent de nouveaux déſordres.

Je ne m'étendrai pas sur ces légers changemens, fruits de la frivolité, que quelques Horlogers ont introduits récemment dans leurs constructions. On doit les regarder, & c'est les réduire à leur vraie valeur, plutôt comme ces caprices de la mode, destinés à piquer la curiosité de nos élégans enthousiastes, que comme des découvertes dignes d'occuper un Artiste. Que ces innovations cessent d'être comptées parmi les perfections de l'art; elles annoncent tout au plus une disette affligeante pour l'Horlogerie. Quel mérite en effet résulte-t-il d'avoir fait ouvrir une boëte en dessous, pour remonter la pièce, afin que le cadran ne soit point percé? Et quel mérite encore d'avoir fait remonter une montre par le poussoir, & d'avoir introduit dans l'Horlogerie d'autres changemens aussi puérils, qui ne valent pas même l'attention d'un homme de goût?

Je distinguerai pourtant l'invention ingénieuse de cet Artiste, habitant de la Suisse, qui présente une fausse image du mouvement perpétuel tant cherché & jamais trouvé : c'eſt une montre qui ſe remonte d'elle-même par les ſecouſſes qu'elle reçoit étant dans la poche ; mais que l'Horlogerie n'en tire point vanité : cet ouvrage de pure curioſité préſente plutôt un tour de force, qu'une heureuſe découverte pour le progrès de l'art, puiſqu'il n'eſt capable ni de préciſion ni de ſolidité durable.

Les recherches de l'Artiſte doivent toujours tendre à la perfection, à la ſolidité, à cette grande ſimplicité de moyens qui doit opérer les plus grands effets. Ses idées doivent être ſi clairement rendues, d'une conception ſi ſimple, d'une exécution ſi facile, que tout ouvrier ſoit en état de ſe les approprier, & que le particulier puiſſe, par-tout où il ſe trouvera, faire réparer ſa montre, lorſqu'elle en a beſoin. Tout ce qui s'écarte de ces principes, ne peut être le chemin de la perfection, & doit être peu conſidéré.

Deſcription de ma nouvelle conſtruction pour les montres ſimples.

Cette conſtruction n'offre rien d'extraordinaire dans la diſpoſition des trois premiers mobiles, qui sont le barillet, la fusée, & la roue du centre, autrement dite, grande roue moyenne. Le quatrième mobile, ou petite roue moyenne, est noyée dans l'épaisseur de la platine des piliers, & passe par conséquent sous la roue du centre. On voit facilement par cet exposé, quel est l'emplacement du cinquième mobile, ou roue de champ.

Au moyen de ce que je tiens la roue du centre un peu plus petite qu'à l'ordinaire, je puis faire passer le nez ou talon de potence, à côté de cette roue, & l'adosser au correcteur. Cette position de la potence me procure la facilité de la faire passer au travers de la platine des piliers, par une ouverture que j'y pratique à cet effet: il en résulte les avantages suivans:

1°. Une puissance motrice conséquente, malgré le peu d'élévation de la cage, ou des piliers, parce que je forme à la platine du balancier une ouverture au travers de laquelle *passe* le barillet, ensorte que la hauteur ou épaisseur est égale à celle des piliers, plus l'épaisseur de la petite platine,

2o. Une chaîne de force ſuffiſante, en noyant le crochet de fuſée, dans une creuſure priſe dans l'épaiſſeur de la platine du balancier.

3°. Une roue de rencontre dont le diamètre eſt d'un quart, ou même d'un tiers plus grand qu'il ne ſeroit dans une conſtruction ordinaire.

4°. Un eſpace ſuffiſant entre cette roue & le talon de la potence, pour pouvoir réſerver un tigeron à la verge du balancier, de telle longueur que l'on veut, puiſque la hauteur ou élévation de la potence n'eſt bornée que par le cadran. Il eſt à remarquer que ce tigeron eſt d'une très-grande utilité, en ce qu'il évite la communication d'huile à l'échappement; inconvénient inſéparable des montres plates de conſtruction ordinaire, & que la prolongation de l'axe du régulateur augmente ſa liberté.

5o. Enfin la potence adoſſée à la roue de fuſée, met la roue de rencontre à l'abri de tout accident, dans le cas où la chaîne viendroit à ſe rompre; au lieu que dans la construction ordinaire, cet événement brise quelquefois les dents de cette roue.

Avantages des grandes roues de rencontre.

En recherchant les grandes *roues* de rencontre, mon but est d'avoir des léviers ou palettes au régulateur, d'une longueur suffisante pour pouvoir opérer les levées de l'échappement avec autant d'aisance que de sûreté, ayant reconnu, par une longue expérience, que les petits échappemens n'ont pas cet avantage.

C'est encore pour pouvoir apporter plus de perfection dans sa construction & de précision dans ses effets, d'autant qu'un petit échappement est plus difficile à exécuter qu'un grand.

Si d'un côté j'ai augmenté l'échappement, j'en ai agi de même par rapport à la force motrice. Ces augmentations réciproques, accroissent tellement la puissance régulatrice, que la pesanteur du balancier peut aller jusqu'à sept à huit grains, tandis que quatre ou cinq sont tout ce que l'on peut obtenir dans une conſtruction ordinaire, à grandeur & hauteur de montre égales.

Quoique l'échappement à roue de rencontre en général ne produiſe pas tout-à-fait autant de juſteſſe que celui à cylindre, cela n'empêche pas qu'il ne ſoit ordinairement préféré ; 1°. il eſt moins diſpendieux tant en achat qu'en entretien ; 2°. il ne faut pas nettoyer auſſi ſouvent les montres où il eſt employé ; 3°. ſa juſteſſe un peu moindre, à la vérité, que celle du cylindre, ſe conſerve plus long-temps, l'huile n'y étant pas néceſſaire.

Le grand diamètre que ma conſtruction permet à la roue de rencontre eſt tellement avantageux, que je n'héſite pas à croire que cet échappement contrebalance, par ſa juſteſſe, celui à cylindre. En effet, je donne à mon échappement la grandeur, la forme & les proportions que ma théorie exige ; j'en ai la plus grande liberté. Dans l'autre, au contraire, on eſt circonſcrit dans des bornes fort étroites : alors il faut donner des mauvaiſes proportions, qui vont quelquefois juſqu'à changer le nombre des dents de la roue. On se prive d'un tigeron qui obvie à de grands inconvéniens; en un mot, on accumule des imperfections qui échappent, par l'habitude indispensable de les commettre.

L'intempérie de l'air influe sensiblement sur les montres en général, & particuliérement sur celles qui sont plates, attendu que le moteur en est foible, & le régulateur léger. Ma construction ayant des dispositions contraires, cet inconvénient est sauvé autant qu'il puisse l'être.

Développemens de ma construction.

La potence est semblable à celle qu'on emploie ordinairement dans les montres simples. Sa position prochaine de la fusée me permet d'y adapter une vis de rappel qui biaise dans la potence, tellement que sa direction forme, avec le lardon, un angle d'environ 45 degrés.

J'ai dit que l'échappement exige, dans sa disposition & dans ses effets, une grande précision; c'est pour atteindre à ce but que j'ai imaginé ma vis de rappel. Son effet eſt de ſoulever le lardon, pour éloigner la roue de rencontre de la verge du balancier, comme de la rapprocher à volonté. On conçoit aiſément que le bout du lardon, du côté de la roue, repoſe ſur le bout de cette vis, & qu'il doit avoir aſſez d'élaſticité pour faire tant ſoit peu le reſſort, depuis la vis qui le tient à la potence, juſqu'au point où celle-ci la ſoulève: je dis tant ſoit peu, car le mouvement qu'il s'agit de lui procurer n'excède pas l'épaiſſeur d'une feuille de papier. Cette invention eſt auſſi utile que commode, par la facilité d'opérer ſes effets ſans démonter la montre.

Lorſqu'on aura formé un échappement à roue de rencontre tel qu'il doit être; lorſqu'on aura donné aux palettes de la verge la largeur convenable, & qu'on aura approché la roue de rencontre au point néceſſaire, pour qu'elle ait des chûtes ſuffiſantes, on amincira le lardon par deſſous, environ de l'épaiſſeur d'une feuille de papier, & avant de remonter la montre, on le ſoulevera de pareille quantité par la vis de rappel, afin de lui rendre la hauteur qu'il avoit avant cette opération.

Malgré les ſoins & la préciſion qu'on apporte à former un échappement, il arrive ſouvent qu'il n'eſt plus le même, lorſque la montre eſt remontée. Les chûtes de la roue ſont trop grandes, ou elles ne le ſont pas aſſez. Dans le premier cas, l'échappement ſe détruit promptement, & la juſteſſe n'a plus lieu. Pour y obvier, il faut démonter la montre, limer le nez du lardon, pour rapprocher la roue de rencontre de la verge, afin de diminuer l'étendue de ſes chûtes, & de donner à l'échappement la préciſion convenable. Dans le ſecond cas, on éloigne la contre-potence du lardon, pour leur donner plus d'étendue; mais alors on donne trop de jeu, ou de liberté, à la roue de rencontre par les bouts de ſon axe, ce qui ne manque pas de produire des accrochemens feints ou réels. On ſait que pour la plus grande juſteſſe des montres, il ſeroit à ſouhaiter que l'étendue des chûtes de l'échappement fût reduite à zéro, s'il étoit poſſible; mais on eſt obligé de les rendre un peu moins précises, afin que les dents de la roue ne soient point sujettes à s'accrocher aux extrémités des palettes. On voit par là que l'Artiste qui tend à la perfection, est obligé de passer par un chemin également étroit & dangereux, puisqu'il est rempli d'écueils, de quelque côté qu'il se tourne. Si on étrecit les palettes de la verge, c'est obvier à un inconvénient par un mauvais procédé : il n'est pas naturel de détruire ce que l'on a sagement établi. Ces différens procédés, employés comme remèdes aux inconvéniens accidentels que je viens de détailler, ne feroient donc que de nouvelles imperfections ajoutées à de premières irrégularités.

Ma vis de rappel, par le moyen le plus simple, prévient ou applanit ces difficultés, par la propriété qu'elle a d'éloigner, ou d'approcher à volonté, la roue de rencontre de la verge, sans être obligé de démonter la montre, ainsi que je l'ai dit.

Description de ma nouvelle construction de montre à répétition.

Le rouage & l'échappement ont la même disposition que dans ma montre simple. La potence est de même adossée à la fusée, & traverse la platine des piliers. Au moyen de cette parfaite ressemblance, de nouveaux détails seroient superflus.

Le petit rouage occupe une place qui s'étend depuis le grand barillet, jusqu'à l'échappement; il est composé de quatre roues seulement, & de deux pignons de délai. Un seul marteau frappe les heures & annonce les quarts par autant de doubles coups. Le rochet des heures est placé dans la cadrature. La pièce des quarts est très-différente de celle des répétitions ordinaires. C'est un rateau composé de cinq dents pratiquées sur la partie intérieure d'une portion de cercle réservée pour cet effet, laquelle est terminée par un talus, qui, par son mouvement circulaire, renverse la levée du marteau, lorsqu'il n'y a plus de quarts à ſonner, ou lorſqu'il n'en faut point : cette pièce porte un bras briſé qui a auſſi un mouvement circulaire, & qui occupe le même centre que la pièce des quarts. Son effet eſt de tomber ſur le limaçon des quarts, pour en faire ſonner la quantité convenable.

Le tout ou rien porte l'étoile & ſon limaçon des heures, comme cela ſe pratique ordinairement, avec cette différence qu'il agit avec la levée du marteau, & non avec la pièce des quarts. La crémaillère eſt ordinaire dans ſa forme & dans ſes effets : il y a chaîne & double poulie, *&c.* le rochet des heures & la petite poulie forment corps enſemble, étant d'une ſeule pièce. Je place ſur ce rochet une cheville qui, ramenant la pièce des quarts, tantôt par l'une de ſes dents, tantôt par l'autre, renverſe la levée plutôt ou plus tard, ſelon que la quantité des quarts à ſonner l'exige.

Le petit barillet eſt placé ſur la petite *platine*, à côté du coq ; en conſéquence, on n'eſt point gêné pour la hauteur qu'on veut

lui

lui donner. Le rateau eſt à raquette, pour ménager la hauteur : j'y réſerve une aiguille qui ſert à régler la montre, en parcourant une portion de cercle en argent qui tient lieu de roſette, & traverſe ſymmétriquement l'ouverture par où paſſe le barillet, ainſi que cela eſt pratiqué dans ma montre ſimple.

La poſition des grande roue moyenne, petite roue moyenne & roue de champ, m'a paru vicieuſe dans la conſtruction ordinaire, en ce que l'engrenage de ces deux premières, tendant ſans ceſſe à écarter le pivot du centre de ſon trou, il en réſulte un engrenage plus fort, ou plus foible, ſelon que la roue de champ eſt placée à droite ou à gauche de la petite roue moyenne. J'ai trouvé ce vice ſuffiſant pour détruire la juſteſſe d'une montre par l'agrandiſſement inévitable de ſes trous. Alors la force motrice qui doit être uniforme, ceſſeroit de l'être par le dérangement des engrenages. Pour obvier à cet inconvénient, j'ai cru devoir placer ces trois mobiles ſur une ligne droite, ſeule poſition capable de rendre les engrenages conſtans, malgré l'agrandiſſement des trous.

Obſervations ſur les avantages de cette conſtruction comparée aux anciennes.

Lorſque le célèbre Julien Leroy inventa les conſtructions dont les Horlogers font encore uſage aujourd'hui, les montres étoient d'un gros volume, & ſur-tout hautes. La complication des répétitions étoit bien plus ſupportable. Les ſix mobiles dont le rouage eſt compoſé, ainſi que les deux marteaux trouvoient leur place ſans confuſion. L'embarras de faire paſſer huit à neuf pièces les unes par-deſſus les autres, étoit bien moins grand que dans les montres plates à la mode.

La potence fut toujours d'une exécution difficile, par ſa forme, par ſon emplacement, par la quantité des pièces qui l'environnent de tous côtés, & principalement par celles qui paſſent au-deſſus & au-deſſous, entre chacune deſquelles il faut ménager des jours, ou intervalles ſuffiſans, pour éviter leurs frottemens réciproques; ce qui ne peut avoir lieu, sans diminuer l'épaisseur de ces pièces, & conséquemment, sans en altérer la solidité. La complication de cet amas de pièces, permet à peine d'entrevoir la roue de rencontre. Il en résulte une très-grande difficulté de donner à ses chûtes la précision convenable.

On sent maintenant combien cette difficulté a augmenté, lorsqu'on a voulu réduire au plus petit volume possible cette multitude de pièces. Il en est résulté une telle confusion, qu'il n'est pas rare de rencontrer des Horlogers qui avouent franchement qu'ils n'entendent rien à cette partie, & qui la regardent tellement comme impraticable, qu'ils ne veulent pas même s'en occuper.

Ma cadrature, beaucoup moins compliquée, présente des ressources contre la majeure partie de ces obstacles. Je vais les rassembler sous un même point de vue.

1°. En supprimant le petit marteau, je supprime aussi tous les accessoires qui en dépendent, & qui avoient place sous le cadran.

2°. Mon petit rouage ne contient que quatre roues, quoiqu'il ſoit composé de ſix mobiles, ce qui m'a procuré la facilité de ménager l'étendue d'un terrein précieux. Pour éviter la fineſſe des dentures, j'ai ajouté un ſecond pignon de délai. Il eſt clair que ce ſecond pignon tient moins de place que la roue que je ſupprime.

3°. Ma conſtruction permet d'y placer un fort marteau, dont la maſſe égale la hauteur des piliers, au moyen de quoi je fais frapper les heures & les quarts d'une manière très-marquée.

4°. La potence de ma répétition étant exactement celle d'une montre ſimple, & infiniment plus aiſée à faire, eſt moins embarraſſante que celles des répétitions ordinaires, attendu qu'elle reçoit une forme & une conſiſtance très-ſupérieures aux anciennes.

5°. Cette conſtruction & celle de ma montre ſimple, permettent d'y ſubſtituer un échappement à repos quelconque, ſans déplacer aucun mobile, ni faire aucun changement que celui d'ôter l'ancien échappement ; & d'y en ſubſtituer un nouveau.

6°. Elle réunit enfin un autre avantage inappréciable encore: dans le cas où l'échappement ſeroit à cylindre, bien entendu pour les répétitions, la roue de cylindre n'étant plus voiſine de la fuſée, n'eſt plus ſujette aux inconvéniens des anciennes conſtructions qui procèdent, 1°. de la chaîne qui, comportant une certaine portion d'huile pour entretenir ſon jeu, attire à elle, & ſe charge des ordures qui pénètrent dans la pièce: elle les communique auſſi-tôt à la roue d'échappement, qui, par ſa volubilité, a des diſpoſitions à ſe les approprier; de-là des obſtacles qui altèrent la juſteſſe de la montre, & détruiſent l'échappement; 2°. de la roue d'échappement qui néceſſairement eſt obligée de paſſer ſous le crochet de la *fuſée*, & ne permet plus de donner aux colonnes de la roue de cylindre, une hauteur ſuffiſante; 3°. & enfin, de ce qu'il arrive ſouvent que, pour donner un paſſage convenable à cette roue, il faut altérer la vraie forme de la fuſée, en la diminuant.

7°. Quelques perſonnes aiment un timbre

dans une répétition: on ne pouvoit l'introduire dans les précédentes compositions, sans donner à la montre une hauteur & une forme désagréables. Dans ma nouvelle construction, rien de plus aisé que d'adapter ce timbre, sans que la hauteur de la montre devienne trop sensible, & sans lui faire perdre de son agrément.

J'ai observé avec la plus scrupuleuse attention, la marche de deux montres simples & à répétition, de ma composition, que j'ai remises sous les yeux de l'Académie: je les ai exposées aux divers chocs de la marche, soit à pied, soit à cheval, soit en voiture; je leur ai fait subir les différentes gradations du froid & du chaud; je les ai placées dans toute sorte de positions: je ne me suis pas apperçu qu'elles aient éprouvé de dérangement sensible; l'Académie a bien voulu s'occuper de mon travail; & elle a jugé qu'il étoit digne de son approbation.

Lorsqu'un homme de génie a conduit un Art à sa perfection, & qu'il a dicté des préceptes qui ont été universellement adoptés

& ſuivis par ſes contemporains & par ſes ſucceſſeurs, il y a ſans doute de la témérité à vouloir propoſer des opinions nouvelles. Lorſque j'ai oſé méditer les compoſitions du célèbre Julien Leroy, ſi j'y ai remarqué des imperfections, j'ai reconnu qu'elles n'appartenoient qu'aux changemens qu'une main téméraire & inhabile s'étoit permis d'y introduire. Son ouvrage tel qu'il l'avoit conçu, étoit la perfection même, & j'ai démontré qu'il n'a perdu de cette perfection méchanique, qu'au moment où le goût de la mode eſt venu le mutiler. Ce n'eſt donc que pour concilier les formes nouvelles avec les principes de cet habile Artiſte, & rendre à la montre plate la ſolidité des anciennes conſtructions, que je me ſuis livré à des recherches, & que j'ai oſé enter mes découvertes ſur celles de ce grand Maître, à qui je rends tout l'hommage qu'il mérite. J'oſe me flatter que mon travail n'aura pas été inutile. Si telle eſt la déciſion de l'Académie des Sciences : ſi le jugement de mes Confrères s'y réunit, lorſque ma conſtruction ſera ſous leurs yeux :

ti par l'usage qu'en fera le public, je mérite son approbation, ma récompense alors sera complette, & elle sera pour moi le plus puissant encouragement à de nouvelles tentatives pour la perfection de mon Art.

F I N.

EXTRAIT DES REGISTRES

DE

L'ACADÉMIE ROYALE DES SCIENCES,

Du 22 Décembre 1784.

MESSIEURS le Préſident de Saron, de Fouchy, & le Monnier, qui avoient été nommés pour examiner un Mémoire de M. Heſſén, Horloger de MONSIEUR, Frère du Roi, dans lequel cet Artiſte propoſe des moyens de remédier à une grande partie des défauts qui naiſſent de la figure trop plate qu'une mode peu raiſonnée a depuis quelques années fait adopter pour les montres. En ayant fait leur rapport.

L'Académie a jugé qu'on devoit ſavoir gré à M. Heſſén du travail qu'il a fait, pour remédier aux principaux défauts des montres plates & pour ſimplifier les répétitions, que les pièces qu'il a préſentées à l'appui de ſon Mémoire étoient exécutées avec exactitude, & qu'on ne pouvoit trop l'engager à continuer ſes recherches ſur l'Horlogerie, à la perfection de laquelle il a paru en état de travailler avec ſuccès.

Je certifie le préſent Extrait conforme au jugement de l'Académie. A Paris le 15 janvier 1785.

Le Marquis DE CONDORCET,
Secrétaire perpetuel.

Autre EXTRAIT *tiré de la partie analytique du rapport de Messieurs les Commissaires,*

DANS lequel ils ont exposé ces moyens (de M. Heffén), qui sont, 1°. de percer la platine supérieure, à l'endroit du barillet, d'un trou égal au diamètre extérieur du barillet, dont le pivot supérieur est par ce moyen reçu dans une barette placée sur ladite platine, ce qui augmente la hauteur du barillet, & par conséquent la largeur du ressort, & permet de lui donner moins de roideur & plus de souplesse & d'égalité, & de noyer pareillement la tête de la fusée dans la platine du nom, au moyen de quoi il obtient un tour de plus, ce qui diminue les nombres de la denture.

Il ouvre de même les platines à l'endroit de la roue de rencontre, dont un segment paroît sous le coq, & un autre est noyé dans l'épaisseur de la platine inférieure; ce qui lui donne la facilité d'employer cet échappement avec d'autant plus d'avantage, qu'il y a adapté une vis de rappel pour sa perfection.

Avec ces moyens & l'attention qu'il a de disposer son calibre, de manière que l'usure des pivots ne puiſſe altérer les engrénages, il parvient à diminuer de beaucoup les défauts des montres plates.

Il a encore travaillé ſur les répétitions, dans la cadrature deſquelles il a ſupprimé quelques pièces. Un des principaux changemens qu'il y ait fait, eſt la figure qu'il donne à ſa pièce des quarts, qui renverſe la levée du marteau, ſans ſe communiquer au tout-ou-rien.

www.ingramcontent.com/pod-product-compliance
Ingram Content Group UK Ltd.
Pitfield, Milton Keynes, MK11 3LW, UK
UKHW022148190726
13855UKWH00004B/1385